创意手工

中式发酵面点

U0385980

甘智荣 主编

黑龙江科学技术出版社
HEILONGJIANG SCIENCE AND TECHNOLOGY PRESS

图书在版编目（CIP）数据

创意手工中式发酵面点 / 甘智荣主编 . -- 哈尔滨：
黑龙江科学技术出版社，2018.10
ISBN 978-7-5388-9851-4

Ⅰ . ①创… Ⅱ . ①甘… Ⅲ . ①面食－制作－中国
Ⅳ . ① TS972.132

中国版本图书馆 CIP 数据核字 (2018) 第 207240 号

创 意 手 工 中 式 发 酵 面 点

CHUANGYI SHOUGONG ZHONGSHI FAJIAO MIANDIAN

作　　者　甘智荣
项目总监　薛方闻
责任编辑　马远洋
策　　划　深圳市金版文化发展股份有限公司
封面设计　深圳市金版文化发展股份有限公司
出　　版　黑龙江科学技术出版社
　　　　　地址：哈尔滨市南岗区公安街 70-2 号　邮编：150007
　　　　　电话：（0451）53642106　传真：（0451）53642143
　　　　　网址：www.lkcbs.cn
发　　行　全国新华书店
印　　刷　深圳市雅佳图印刷有限公司
开　　本　723 mm × 1020 mm　1/16
印　　张　10
字　　数　120 千字
版　　次　2018 年 10 月第 1 版
印　　次　2018 年 10 月第 1 次印刷
书　　号　ISBN 978-7-5388-9851-4
定　　价　39.80 元

目录 CONTENTS

Part 01

手工发酵面点基础知识

Part 02

最受欢迎的馒头、花卷

Part 03

超级有内涵的包子、饺子

Part **04**

风味独佳的饼

手工发酵面点基础知识

一直以来，中式发酵面点深受人们喜爱。无论是早餐时吃到的馒头、鲜肉包子、小笼包、水饺、生煎等，还是午后的甜点酥饼等，在我们的生活中都扮演着非常重要的角色。那么，制作中式面点是不是真的很费事呢？本章节将详细地介绍中式发酵面点的基本操作技能、常用工具等内容。

何为发酵面点

中式面点

发酵是在酵母菌的帮助下面团产生的变化过程。酵母菌吸收了面团中少量的蛋白质与水分，产生大量的气泡，而这些气体胀大使面团变得蓬松美味。而发酵面点就是用这些发酵好的面团制成的点心，所以面团发酵就至关重要了。蓬松香软的面团技巧在于发酵的程度，要能完美地保留小麦的甜香。最基础、最常见的发酵面点就是各式馒头、花卷、包子、饺子、饼等。

制作中式发酵面点怎么能少得了工具呢？工具可谓是制作中式发酵面点的关键，通过几样小小的工具，我们就能灵活地运用材料，做出变化多样的面点。作为初学者，可能对于制作中式面点所需要的工具都不太了解，对其基本功能也知之甚少。因此，我们特地介绍一下制作中式面点的常用工具。

电磁炉

电磁炉是利用电磁感应加热原理制成的烹饪器具，在加热过程中没有明火，因此安全、卫生。电磁炉本身很好清理，没有烟熏火燎的现象。同时，电磁炉不会像煤气那样易产生泄露，也不产生明火，不会成为事故的诱因。此外，它本身设有多重安全防护措施，包括炉体倾斜断电，超时断电，过流、过压、欠压保护，使用不当自动停机等功能，即使有时汤汁外溢，也不存在煤气灶熄火跑气的危险，使用起来省心。在蒸煮糕点的时候，只要我们设定好时间，就可以放心地蒸煮了，完全不用担心出现操作时间不足或过长的状况出现，省时、好用。

包子纸

包子纸可预防包子、馒头等粘在蒸笼上，使用单一小张的包子纸会较易取出成品，若没有包子纸，也可改用蒸笼纸代替。

剪刀

剪刀大多数是用不锈钢或铁制成的，主要用于花式面点的成型。

量匙

一套通常为4支，分别为1大匙（15毫升）、1小匙（5毫升）、1/2小匙（2.5毫升）、1/5小匙（1毫升）。

白棉布

蒸面点的时候垫在面点下面的棉布，可以防止蒸笼与面点粘连，且不会妨碍到热蒸汽流动。

调理盆

调理盆是搅拌混合材料时所使用的器具，有不锈钢和玻璃两种材质，建议至少准备大、中、小三种不同尺寸的调理盆，挑选深度较深的会较好操作，可避免搅拌时材料飞散出来，大盆也可当作发酵面团的容器。

刮板

刮板是用胶质材料做成的，一般用来搅拌面糊等液态材料，因它本身比较柔软，所以也可以把粘在器具上的材料刮干净。还有一种耐高温的橡皮刮刀，可以用来搅拌热的液态材料。用橡皮刮刀搅拌加入面粉的材料时，注意不要用力过度，也不要用画圈的方式搅拌面糊，而是要用切拌的方法，以免面粉出筋。

筛网

筛网主要用来过筛粉类，筛除杂质，避免与其他材料混合搅拌时结块，也可增加口感的细腻度。面粉筛网以不锈钢材质为多，依孔径大小挑选适合的为宜。

电子秤

传统型的时钟秤会因使用过久，有弹簧弹性疲乏的缺点，刻度有1克或5克之区分，仍易导致秤量上的误差。建议挑选可以归零的电子秤为宜，还可秤量到如1克的小分量。

量杯

量杯是用来量取液体材料的器具，以毫升为计量单位，有玻璃、塑胶、亚克力、不锈钢等多种材质，1杯有240毫升、500毫升、1000毫升、2000毫升容量等。建议使用透明的量杯，较不容易因视觉而产生误差。

擀面杖

擀面杖是擀面用的木棍，是中国很古老的一种用来压制面条的工具，一直传用至今，多为木质，可用其捻压面饼，直至压薄，是制作面条、饺子皮、面饼等不可缺少的工具。在购买时最好选择木质结实、表面光滑的擀面杖，尺寸依据平时用量选择。

蒸锅

不锈钢蒸锅具有容量大、易清洗的特点。此外，多功能蒸锅的锅盖弧度设计合理，可有效防止盖顶水珠直接滴落于食物上，适用于制作馒头、花卷、包子等发酵类面食。

竹蒸笼

蒸笼建议选用竹制品，能够吸收多余水蒸气，避免水蒸气凝结成水珠滴落在包子、馒头等的外皮上造成水伤，且蒸出来的面食味道独特。

中式发酵面点成型基本手法

中式面点

成型就是将调制好的面团制成各种不同形状的面点半成品，成型后再经制熟才能称为面点制品。成型是面点制作中技艺性较强的一道工序，成型的好坏将直接影响到面点制品的外观形态。面点制品的花色很多，成型的方法也多种多样，大体可分为擀、按、卷、包、捏、摊、叠、切、镶嵌、模具成型等诸多手法。

擀

面点制品在成型前大多要经过"擀"这一基本工序，擀也可作为制作饼类制品的直接手法。中式面点中的饼类在成型时并不复杂，它们只需要用擀面杖擀制成规定的要求即可。

按

"按"就是将制品生坯用手按扁压圆的一种成型方法。"按"又分为两种：一种是用手掌根部按；另一种是用手指按（将食指、中指和无名指三指并拢）。这种成型方法多用于较小的包馅饼种。

卷

"卷"可分为两种：一种是从两头向中间卷，然后切剂，我们称之为"双卷"，适用于制作鸳鸯卷、蝴蝶卷等；另一种是从一头一直向另一头卷起，呈圆筒状，称为"单卷"，适用于制作蛋卷、普通花卷等。在"卷"之前都是事先将面团擀成大薄片，然后刷油（起分层作用）、撒盐、铺馅，最后再按制品的不同要求卷起。一般要根据品种的要求，将剂条搓细，然后再用刀切成面剂即可使用。

包

"包"就是将馅包入坯皮内，使制品成型的一种手法。"包"的方法很多，一般可分为无缝包、卷边包、捏边包和提褶包等。

捏

"捏"是以"包"为基础并配以其他动作来完成的一种综合性成型方法。捏出来的点心具有较高的艺术性，筵席中常见的木鱼饺、月牙饺及部分油酥制品、苏州船点等均是用"捏"的手法来成型的。"捏"可分为挤捏、准捏、叠捏、扭捏等多种多样的捏法。捏法主要讲究的是造型，捏什么品种，关键是在于捏得像不像，尤其是苏州船点中的动物、花卉等，不仅色彩要搭配得当，更重要的是形态要逼真。

叠

"叠"是将坯皮重叠成一定的形状（弧形、扇形等），然后再用其他手法制成制品的一种间接成型法。酒席上常见的荷叶夹、桃夹、猪蹄卷、兰花酥等都是采用叠法成型的。叠的时候，为了增加风味往往要撒少许葱花、细盐或火腿末等；为了分层往往要刷上少许食用油。

镶嵌

"镶嵌"是把辅助原料嵌入生坯或半成品上的一种方法，如米糕、枣饼、果子面包等，都是采用此法成型的。用这种方法成型的品种，不再是原来的单调形态和色彩，而是更为鲜艳、美观，尤其是有些品种镶嵌上红、绿丝等，不仅色泽较雅丽，而且也能调和品种本色的单一化。镶嵌物可随意摆放，但更多的是拼摆成有图案的造型。

摊

"摊"是用较稀的水调面在烧热的铁锅上平摊成型的一种方法。要点是：将稀软的水调面用力打搅上劲。"摊"时的火候要适中，锅要洁净，每摊完一张要刷一次油，摊的速度要快，要摊匀、摊圆，保证大小一致，不出现破洞。

切

"切"的方法多用于北方的面条（刀切面）和南方的糕点。北方的面条是先擀成大薄片，再叠起，然后切成条形；南方的糕点往往是先制熟，待出炉稍冷却后再切制成型。"切"可分为手工切和机械切两种。手工切可适用于小批量生产，机械切适用于大批量生产，特点是劳动强度小、速度快，但是制品的韧性和咬劲远不如手工切。

模具成型

模具成型是利用各种食品模具压印制作成型的方法。模具有各种不同的形状，如叶子、花卉、鸟类、鱼类等。用模具制作面点的特点是形态逼真。在使用模具时，不论是先入模后成熟还是先成熟后压模成型，都必须事先将模子里抹上熟油，以防粘连。

中式面点发酵的小窍门

想吃到美味的面包、馒头、包子等，其中必不可少的关键一步就是发酵。从某种意义上来说，发酵的好坏几乎决定了面点的成败。那么，怎样才能让做出来的面点既蓬松又可口呢？

正确选用发酵剂

发面用的发酵剂一般都用干酵母粉。它的工作原理是：在合适的条件下，发酵剂在面团中产生二氧化碳气体，再通过受热膨胀使得面团变得松软可口。活性干酵母（酵母粉）是一种天然的酵母菌提取物，不仅营养成分丰富，更可贵的是含有丰富的维生素和矿物质，且对面粉中的维生素有保护作用。不仅如此，酵母菌在繁殖过程中还能增加面团中的B族维生素。所以，用它发酵制作出的面食成品要比未经发酵的面食（如饼、面条等）营养价值高出好几倍。

选择面筋含量高的面粉

面食要想蓬松香软，发酵产生气体是一个方面，而面团能否包纳住所产生的气体是另一方面。如果面团无法包裹住气体而令其破皮而出，不但面食不够蓬松，而且可能会造成表皮坑坑洼洼。所以要选择面筋含量高的面粉。

控制好和面的水温

温度是影响酵母发酵的重要因素。酵母在面团发酵过程中一般控制在25～30℃。温度过低会影响发酵速度；温度过高，虽然可以缩短发酵时间，但会给杂菌生长创造有利条件，而影响成品质量。例如，醋酸菌最适宜温度为35℃，乳酸菌最适宜温度是37℃，这两种菌生长繁殖快了会提高面包酸度，降低成品质量。所以，面团发酵时温度最好控制在25～30℃，高于30℃或工艺条件掌握不好，都容易出质量事故。但很多朋友家里没食品用温度计怎么办？用手背来测水温，别让你的手感觉出烫来就行，就算是在夏天，也建议用温水。

将面团揉透很关键

面团揉透才会充分起筋，达到通常所说的"三光"标准（手光、盆光、面光）。另外，面团揉好后通常要饧发一段时间，这样做有利于酵母发酵。

温水溶解酵母

在使用酵母发酵面团时，最好先用温水将酵母溶解并静置一会儿，等待酵母激活以后再将面粉加进来。这样做有两个好处：一是酵母加水溶解后有利于充分激活酵母，同时也可以检验酵母是否过期。过期的酵母活性会大大降低，发出来的面团效果自然也不会好。当我们使用温水化开酵母，并且保持水温在35～40℃，静置10～20分钟后，如果酵母水表面呈现茸状，则说明酵母活性良好；反之，则说明酵母活性欠佳。

加入少量白糖

发酵过程中，适量加入一些白糖有助于酵母的发酵，而油脂类则会影响发酵。注意糖的量要适当，并不是越多越好，如果过多，反而会影响面团发酵。

面粉和水的比例要适当

面粉、水量的比例对发面很重要。那么什么比例合适呢？大致的比例是：500克面粉，用水量不能低于250毫升。当然，无论是做馒头还是蒸包子，你完全可以根据自己的需要和饮食习惯来调节面团的软硬程度。酵母在繁殖过程中，一定范围内，面团中含水量越高，酵母芽孢增长越快，反之则越慢。所以，面团调得软一些，有助于酵母芽孢增长，加快发酵速度。正常情况下，较软的面团容易因二氧化碳气体而膨胀，因而发酵速度快，较硬的面团则对气体膨胀力的抵抗能力强，从而使面团发酵速度受到抑制，所以适当地提高面团加水量对面团发酵是有利的。同时也要注意，不同的面粉吸湿性是不同的，还是要灵活运用。

酵母种的类别及制作

中式面点

酵母分为鲜酵母、干酵母两种，是一种可食用的、营养丰富的单细胞微生物，营养学上把它叫作"取之不尽的营养源"。当这种有生命的微生物与面粉、清水一起混合后，酵母会吸收面粉中的蛋白质，产生气体让面团膨胀，再蒸制后面点会松软香甜。

酵母也分天然酵母与快速酵母。天然酵母是由附着于谷物、果实上和自然界中多种细菌培养而成。天然酵母比一般酵母风味更佳，因为天然酵母能使面粉充分吸收水分，发酵时间长。另外，天然酵母由多种细菌培养而成，天然酵母含有100多种酵母种，比起普通干酵母这种单一的纯酵母，更多地保留了酵母所含的各种营养，而味道上也更香醇。快速酵母就是购买市面上酵母粉，直接加入就可以使用，优点是发面快，但是在营养上就不如天然酵母营养丰富了。

快速酵母

快速酵母指的是用市售的酵母粉加清水和白糖的混合品。酵母粉是酵母没有经过分解，干燥后制成的粉。而这个酵母粉就是纯度高的单一酵母菌，一旦有合适生存的环境，酵母就会活化苏醒，从而使面团发酵。

制作方法

材料：酵母粉5克，清水20毫升，白糖10克

做法：

❶ 取一个干净的玻璃碗。

❷ 倒入20毫升清水。

❸ 将酵母粉、白糖倒入水中。

❹ 搅拌匀至无颗粒状即成快速酵母。

老面种

老面种是最常用的面种制作方式，北方叫面起子，也有的地方叫面头。由于里面有很多酵母菌，发面的时候可作为菌种用。这种用上次发酵的面做菌种发面蒸的馒头就叫老面馒头。老面在保存过程中往往会同时有乳酸菌存在，发酵的时间稍长就会有独特的酸味出现，故用老面发面蒸馒头时需要加食用碱来中和酸味。

制作方法

材料： 快速酵母 15 克，温开水 50 毫升，面粉 200 克

做法：

❶ 酵母倒入温开水内搅拌匀后倒入面粉。

❷ 将其充分拌匀后，放入冰箱冷藏一周后即可。

天然酵母

天然酵母不含任何添加剂，主要是所食用的蔬果的营养成分，再加上增殖产生的大量活酵母、乳酸菌、酒精等物质，内含丰富的氨基酸、维生素、矿物质等人体必需的营养成分。

制作方法

材料： 葡萄干 250 克，蒸馏水 250 毫升，白糖 10 克，酒酿汁适量

做法：

❶ 取消毒后的干净的玻璃瓶，倒入 250 毫升的蒸馏水。

❷ 依序倒入葡萄干、白糖、酒酿汁至瓶中。

❸ 搅拌均匀后，盖上瓶盖静置，以常温发酵 1 天。

❹ 打开瓶盖，轻轻摇晃瓶身，略微透气后再盖上瓶盖静置，以常温发酵。

❺ 待发酵成散发着淡淡酒精味的酵母液后滤出即可。

Part

02

最受欢迎的馒头、花卷

馒头是发酵面点中最基本的成品之一，由此延伸，可以制作出造型多变的花卷及其他的发酵面点，椒盐、奶香、蒜香、五香、葱油等各种口味，深受大家的喜爱。其营养丰富，味道鲜美，做法简单。

🕐 15分钟 | ⚖ 100g×8个

老面刀切

材料

老面种……100克   白糖……30克

中筋面粉……250克   清水……适量

快速酵母……2克

做法

1. 老面种加入清水，静置片刻后搅拌均匀，加入白糖。

2. 倒入快速酵母，拌匀后再倒入面粉内，充分搅拌匀，揉成面团。

3. 将面团盖上保鲜膜，静置发酵30分钟。

4. 取出发好的面团，重新揉匀排气，并整形成柱状的面团，待用。

5. 将左右两端切齐，分割成每份100克左右的面团。

6. 将面团放在垫有棉网布的笼屉内静置，二次发酵30分钟，再放入烧开的蒸锅内，蒸约15分钟即可。

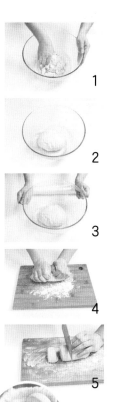

1

2

3

4

5

6

红糖刀切馒头

🕐 15分钟 | ⚖ 100g×8个

中筋面粉······400克   红糖······30克

快速酵母······6克   清水······适量

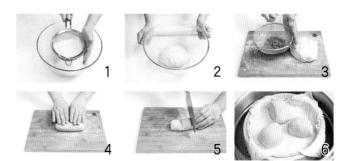

做法

1. 快速酵母倒入碗中，加入清水，拌匀后再将中筋面粉筛入碗内。

2. 充分搅拌匀，揉成面团，装入碗中，盖上保鲜膜静置发酵30分钟。

3. 将发好的面团取出，轻拍排气，再将红糖过筛。

4. 将红糖与面团混合，揉匀，并擀制成厚面皮后再卷起来成粗条状。

5. 修去两端再切成等长的段状。

6. 放在垫有棉网布的笼屉内静置，二次发酵30分钟后放入烧开的蒸锅内，蒸15分钟即可。

双色麻花刀切

🕐 15分钟 | ⚖ 150g×5个

材料

中筋面粉……600克 紫薯……80克

快速酵母……6克 红豆沙……40克

白糖……30克 清水……适量

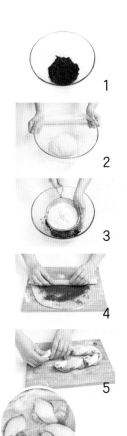

1

2

3

4

5

6

做法

1. 紫薯切成小丁后倒入榨汁机内，倒入一半的清水，将紫薯打成糊，备用。

2. 取一半的面粉、酵母、白糖倒入碗中，加入剩余的清水，充分拌匀揉成白面团，装入碗中后盖上保鲜膜静置发酵30分钟。

3. 取剩余的面粉、酵母、白糖，倒入紫薯糊后充分拌匀，揉成面团，装碗，盖上保鲜膜静置发酵30分钟。

4. 发好的两份面团分别取出，用手按压排气后滚圆，擀制成厚面皮，分别涂上红豆沙后再卷起来成粗条状。

5. 将两种颜色面卷起来，交缠成麻花状，再切成等长的段状。

6. 放在垫有棉网布的笼屉内静置，二次发酵30分钟后放入烧开的蒸锅内，蒸15分钟即可。

芝士馒头

🕐 15分钟 | ⚖ 140g×10个

材料

中筋面粉……350克   清水……适量

快速酵母……6克   芝士粉……适量

白糖……15克

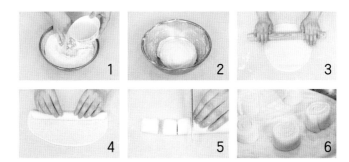

做法

1. 面粉筛入碗中，酵母粉、白糖倒入清水，搅拌匀后再倒入面粉内。

2. 充分拌匀揉成面团，装入碗中后覆盖上保鲜膜，静置发酵30分钟。

3. 发酵好的面团放在铺有面粉的工作台上，略压扁后，擀成厚约1.2厘米的面皮。

4. 用擀面杖卷起翻面，用手指略微往外压薄，均匀铺撒上芝士粉，再由上往下捏卷成圆柱状面团。

5. 将左右两端切齐，均分成10个面团。

6. 将面团间隔排入蒸笼中静置，二次发酵30分钟，然后放入烧开的蒸锅内大火蒸约12分钟，熄火闷约3分钟即可。

坚果南瓜馒头

🕐 15分钟 | ⚖ 150g×10个

材料

低筋面粉……400克　　南瓜……80克

快速酵母……6克　　　炒香腰果碎……15克

白糖……20克　　　　清水……适量

做法

1. 南瓜去皮，切成小块，装入搅拌机内，倒入清水后打成汁。

2. 打好的汁滤入碗中，倒入酵母粉、白糖，搅拌均匀，再把面粉筛入碗中。

3. 充分拌匀揉成面团，装入碗中后覆盖上保鲜膜，静置发酵30分钟。

4. 发酵好的面团放在铺有面粉的工作台上，略压排去空气后略微压扁，放入腰果碎。

5. 将腰果碎与面团充分揉捏匀，揉成圆柱状面团，将左右两端切齐，均分成10个面团。

6. 间隔排入蒸笼中静置，二次发酵30分钟后放入蒸锅，大火蒸约12分钟，熄火闷约3分钟即可。

2

3

4

5

6

蔓越莓红酒馒头

🕐 15分钟 | ⚖ 150g×10个

 材料

中筋面粉……350克   白糖……15克   红酒……40毫升

快速酵母粉……6克   蔓越莓……10克   清水……适量

做法

1. 蔓越莓倒入红酒内，浸泡开后挤取酒汁，再切碎。

2. 面粉过筛入碗中，酵母粉、白糖倒入清水，搅拌匀后再倒入面粉内。

3. 充分拌匀揉成面团，装入碗中后覆盖上保鲜膜，静置发酵30分钟。

4. 发酵好的面团放在铺有面粉的工作台上，略压排去空气后略微压扁。

5. 铺上蔓越莓，将面皮卷起后揉成圆柱状面团，修去两端，再切成等长的段。

6. 间隔排入蒸笼中静置，二次发酵30分钟，放入已烧开的蒸锅中，大火蒸约12分钟，熄火闷约3分钟即可。

坚果紫薯馒头

🕐 15分钟 | ⚖ 150g×10个

材料

低筋面粉……400克　　　白糖……20克　　　炒香杏仁碎……15克

快速酵母……6克　　　紫薯……80克　　　清水……适量

做法

1. 紫薯去皮切成小块，装入搅拌机内，倒入清水后打成汁。

2. 打好的汁滤入碗中，倒入酵母粉、白糖，搅拌均匀，再把面粉筛入碗中。

3. 充分拌匀揉成面团，装入碗中后覆盖上保鲜膜，静置发酵30分钟。

4. 发酵好的面团放在铺有面粉的工作台上，略压排去空气后压扁，放入杏仁碎。

5. 将杏仁碎与面团充分揉捏成圆柱状面团，左右两端切齐，均分成10份。

6. 间隔排入蒸笼中静置，二次发酵30分钟后放入蒸锅，大火蒸约12分钟，熄火闷约3分钟即可。

咖啡坚果馒头

 15分钟 | 120g×12个

中筋面粉……500克　　　咖啡粉……15克

快速酵母粉……6克　　　巴旦木仁……20克

白糖……20克　　　　　清水……适量

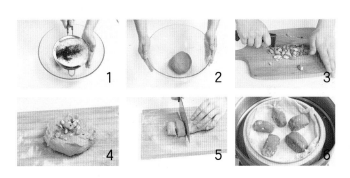

做法

1. 面粉、咖啡粉一起过筛入碗中，酵母粉、白糖倒入清水，搅拌匀后再倒入面粉内。

2. 充分拌匀揉成面团，装入碗中后覆盖上保鲜膜，静置发酵30分钟。

3. 巴旦木仁铺在烤盘上，放入烤箱内180℃烤制6分钟，取出后压碎，待用。

4. 取出发酵好的面团，放在铺有面粉的工作台上，略压扁后，以卷压方式将空气挤出，放上杏仁碎。

5. 充分揉捏均匀，并整型成圆柱状面团，将左右两端切齐，均分成12个面团。

6. 将面团间隔排入蒸笼中，静置第二次发酵30分钟，放入烧开的蒸锅中以大火蒸约12分钟，熄火闷约3分钟即可。

🕐 15分钟 | ⚖ 120g×12个

材料

中筋面粉……250克   白糖……10克

全麦粉……100克   清水……适量

快速酵母……6克   炒香核桃仁碎……20克

做法

1. 面粉、全麦粉倒入碗中，酵母、白糖倒入清水，搅拌匀后再倒入粉内。

2. 充分拌匀揉成全麦面团，装入碗中后覆盖上保鲜膜，静置发酵30分钟。

3. 取出发酵好的全麦面团，放在铺有面粉的工作台上，略压排去空气后略微压扁，放上核桃仁碎。

4. 充分揉捏匀，揉成圆柱状面团。

5. 将面团均分成12个小面团，再将每个面团揉成光滑的圆状。

6. 间隔排入蒸笼中，静置第二次发酵30分钟，放入烧开的蒸锅中以大火蒸约12分钟，熄火闷约3分钟即可。

1

2

3

4

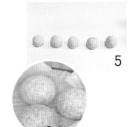
5

6

15分钟  120g×12个

巧克力馒头

材料

中筋面粉……500克　　　可可粉……15克

快速酵母粉……6克　　　清水……适量

白糖……20克

做法

1. 面粉、可可粉一起过筛入碗中。
2. 酵母粉、白糖倒入清水，搅拌匀后再倒入粉内，充分拌匀揉成面团。
3. 将面团装入碗中后覆盖上保鲜膜，静置发酵30分钟。
4. 取出发酵好的面团，放在铺有面粉的工作台上，略压扁后，以卷压的方式将空气挤出，再捏卷成圆柱状的面团。
5. 将左右两端切齐，均分成12个小面团。
6. 间隔排入蒸笼中，静置第二次发酵30分钟，放入烧开的蒸锅中以大火蒸约12分钟，熄火闷约3分钟即可。

1

2

3

4

5

6

奶香巧克力小馒头

 12分钟 | 120g×10个

材料

中筋面粉……500克   可可粉……15克

快速酵母……6克   清水……适量

白糖……20克

做法

1. 面粉、可可粉一起过筛入碗中，酵母粉、白糖倒入清水，搅拌匀后再倒入粉内。

2. 充分拌匀揉成面团。

3. 装入碗中后覆盖上保鲜膜，静置发酵30分钟。

4. 取出发酵好的面团放在案台上，略压扁后，以卷压方式将空气挤出。

5. 均分成10个面团，逐一将面团揉成圆形的生坯。

6. 放在垫有棉网布的笼屉内，静置第二次发酵30分钟，再放入烧开的蒸锅内，蒸12分钟即可。

彩色开花馒头

🕐 15分钟 | ⚖ 180g×5个

材料

中筋面粉……900克　　菠菜汁……80克
快速酵母……12克　　胡萝卜汁……100克
白糖……35克　　　　清水……适量

做法

1. 面粉倒入碗中，再加入酵母粉、白糖，搅拌匀，再等份成三份。取其中一份粉，加入清水，充分混合匀制成白色面团。余下两份粉，一份倒入胡萝卜汁中，一份倒入菠菜汁中。

2. 混合均匀，揉成有色面团，将三个面团分别盖上保鲜膜，静置40分钟至三个面团发酵至两倍大小。

3. 取出三个面团，将三个面团分别擀制揉去空气，搓成长条，切成等大的剂子。

4. 将全部的剂子擀制成面皮，取白色的面皮搓成面团用绿色的面皮包裹着，搓圆后再用红色面皮包裹，封好收口后调整形状即成彩色馒头。

5. 按照以上方法将剩余面团制成彩色馒头，再用刀片在馒头上方划上十字刀痕。

6. 放入蒸笼中，静置第二次发酵30分钟，再放入烧开的蒸锅内，大火蒸约12分钟，熄火闷约3分钟即可。

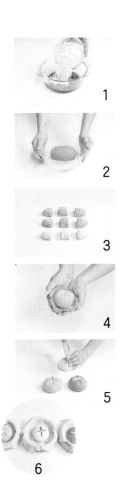

1

2

3

4

5

6

銀丝卷

🕐 15分钟 | ⚖ 130g×10个

中筋面粉……450克   清水……适量

快速酵母……7克   食用油……适量

白糖……15克

做法

1. 面粉过筛入碗中，酵母粉、白糖倒入清水，搅拌匀后再倒入粉内，充分拌匀揉成面团，装入碗中后覆盖上保鲜膜，静置发酵30分钟。

2. 取出发酵好的面团，放在铺有面粉的工作台上，略压排去空气后略微压扁，再分成两份。

3. 一份擀制成面皮，再刷上一层食用油。

4. 将面皮叠起，切成细条状，再刷上点食用油后捋顺。

5. 取另一份面擀制成长面皮，摆放上面条，再将面团卷起。

6. 修去两端，再切成均匀的段状，间隔排入蒸笼中，静置第二次发酵30分钟，放入烧开的蒸锅中大火蒸15分钟即可。

五香花卷

🕐 15分钟 | ⚖ 120g×10个

中筋面粉……450克　　　清水……适量

快速酵母……7克　　　　食用油……适量

白糖……15克　　　　　盐、五香粉……各适量

做法

1. 面粉过筛入碗中，酵母粉、白糖倒入清水，搅拌匀后再倒入粉内，充分拌匀揉成面团，装入碗中后覆盖上保鲜膜，静置发酵30分钟。

2. 取出发酵好的面团放在铺有面粉的工作台上，用擀面杖略压排去空气后略微压扁。

3. 将其擀制成厚度一致的大面皮，涂抹上食用油，再均匀地撒上五香粉、盐，涂抹均匀。

4. 将面皮卷起来，分切成3厘米的剂子。

5. 用筷子在剂子中间压出压痕，用手稍按住剂子两端，往反方向搓卷成麻花状，将剂子绕圈后收口朝下塞入中心处，即成花卷坯。

6. 间隔排入蒸笼中静置，第二次发酵30分钟后放入烧开的蒸锅中大火蒸约12分钟，熄火闷约3分钟即可。

18分钟 |  100g × 12个

玫瑰花卷

材料

中筋面粉……500克   清水……适量

快速酵母……7克   玫瑰酱……25克

白糖……15克

做法

1. 面粉过筛入碗中，酵母粉、白糖倒入清水，搅拌匀后再倒入粉内，充分拌匀揉成面团，装入碗中后覆盖上保鲜膜，静置发酵30分钟。

2. 取出发酵完成的面团放在铺有面粉的工作台上，先将面团略压扁成长形，再以擀压方式将空气挤出，并整型成圆柱状面团，将面团擀成面皮。

3. 面皮均匀地涂抹上玫瑰酱，再从一端慢慢卷起。

4. 将两端切齐，各均分成12个面团。

5. 用手把两端向外翻，将两端粘连，即成花卷坯。

6. 间隔排入蒸笼中，静置第二次发酵30分钟后放入烧开的蒸锅中，大火蒸约15分钟，熄火闷约3分钟即可。

1

2

3

4

5

6

🕐 15分钟 | ⚖ 120g×12个

芝麻豆沙卷

材料

中筋面粉……500克　　黑芝麻……8克

快速酵母……6克　　　清水……适量

白糖……20克　　　　豆沙馅……30克

做法

1. 面粉过筛入碗中，酵母粉、白糖倒入清水中，搅拌匀后再倒入面粉内，充分拌匀揉成面团，装入碗中后覆盖上保鲜膜，静置发酵30分钟。

2. 发酵好的面团放在铺有面粉的工作台上，略压排去空气后略微压扁，放入黑芝麻。

3. 将黑芝麻与白面团充分揉捏匀，擀成厚约1.2厘米的面皮。

4. 用手指略微往外压薄，再均匀铺上一层豆沙馅。

5. 由上往下捏卷成圆柱状面团，将左右两端切齐，均分成12个面团。

6. 间隔排入蒸笼中，静置第二次发酵30分钟后放入烧开的蒸锅中，大火蒸约12分钟，熄火闷约3分钟即可。

1

2

3

4

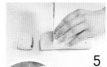
5

6

蒜香肉松卷

🕐 15分钟 | ⚖ 120g×10个

中筋面粉……400克   清水……适量

快速酵母……6克   炸香的蒜末……适量

肉松、白糖……各10克

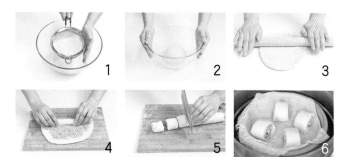

做法

1. 酵母粉、白糖倒入碗中，加入清水，搅拌匀，将面粉过筛入碗中。

2. 充分拌匀揉成面团，装入碗中后覆盖上保鲜膜，静置发酵30分钟。

3. 取出发酵好的面团放在铺有面粉的工作台上，略压排去空气后略微压扁，再擀成厚约1.2厘米的面皮。

4. 用手指略微往外压薄，均匀铺上肉松、蒜末，再由上往下捏卷成圆柱状面团。

5. 将左右两端切齐，均分成10个面团。

6. 将面团间隔排入蒸笼中，静置第二次发酵30分钟后放入烧开的蒸锅中，大火蒸约12分钟，熄火闷约3分钟即可。

🕐 15分钟 | ⚖ 120g×10个

抹茶红豆卷

材料

中筋面粉……500克   抹茶粉……15克

快速酵母……6克   红蜜豆……20克

白糖……20克   清水……适量

做法

1. 酵母粉、白糖倒入碗中，加入清水，搅拌匀，将面粉、抹茶粉依次过筛入碗中。

2. 充分拌匀揉成面团，装入碗中后覆盖上保鲜膜，静置发酵30分钟。

3. 取出发酵好的面团放在铺有面粉的工作台上，略压扁后，擀成厚约1.2厘米的面皮。

4. 用手指略微往外压薄，均匀铺上红蜜豆，再由上往下捏卷成圆柱状面团。

5. 将左右两端切齐，均分成10个面团。

6. 间隔排入蒸笼中，静置第二次发酵30分钟后放入烧开的蒸锅中，大火蒸约12分钟，熄火闷约3分钟即可。

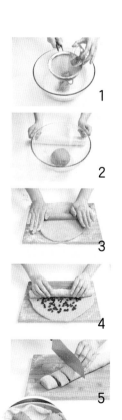

1

2

3

4

5

6

酒酿桂圆卷

🕐 15分钟 | ⚖ 120g×10个

中筋面粉……500克　　桂圆干……8克

快速酵母……6克　　　清水……适量

白糖……20克　　　　醪糟汁……40毫升

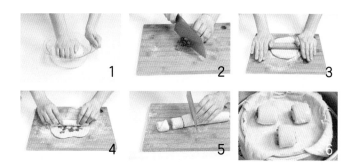

做法

1. 面粉过筛入碗中，酵母粉、白糖倒入清水，搅拌匀后再倒入面粉内，充分拌匀揉成面团，装入碗中后覆盖上保鲜膜，静置发酵30分钟。

2. 将桂圆干泡入醪糟汁内，浸泡发开后捞出，再切碎，待用。

3. 取出发酵好的面团放在铺有面粉的工作台上，略压扁后，擀成厚约1.2厘米的面皮。

4. 用手指略微往外压薄，均匀铺上桂圆碎，再由上往下捏卷成圆柱状面团。

5. 将左右两端切齐，均分成10个面团。

6. 将面团间隔排入蒸笼中，静置第二次发酵30分钟后放入烧开的蒸锅中，大火蒸约12分钟，熄火闷约3分钟即可。

15分钟 |  120g×12个

材料

中筋面粉……400克　　清水……适量

快速酵母……6克　　杏仁片……10克

白糖……20克

做法

1. 杏仁片放入烤箱中烤香，取出，待冷却后将其压碎，待用。

2. 面粉过筛入碗中，酵母粉、白糖倒入清水，搅拌匀后再倒入面粉内，充分拌匀揉成面团，装入碗中后覆盖上保鲜膜，静置发酵30分钟。

3. 取出发酵好的面团放在铺有面粉的工作台上，略压排去空气后略微压扁，擀成厚约1.2厘米的面皮。

4. 擀面杖卷起翻面，于面皮底部，用手指略微往外压薄，均匀地铺上杏仁碎，再由上往下捏卷成圆柱状面团。

5. 将左右两端切齐，均分成12个面团。

6. 间隔排入蒸笼中，静置第二次发酵30分钟后放入烧开的蒸锅中，大火蒸约12分钟，熄火闷约3分钟即可。

2

3

4

5

6

港味腊肠卷

🕐 10分钟 | ⚖ 60g×8个

材料

中筋面粉……300克   白糖……5克

快速酵母……5克   清水……适量

腊肠……4根

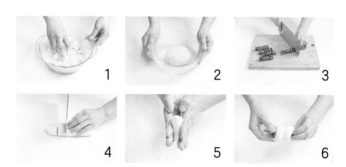

做法

1. 面粉筛入碗中，酵母粉、白糖倒入清水，搅拌匀后再倒入面粉内。

2. 充分拌匀揉成面团，装入碗中后覆盖上保鲜膜，静置发酵30分钟。

3. 取出发酵好的面团放在铺有面粉的工作台上，将面团内的空气挤压去。将4根腊肠依次对半切开，待用。

4. 将面团擀制成椭圆形的厚片，用手指略微往外压薄后，由上往下卷起并搓成长条状面团，再以螺旋方式缠绕包住腊肠。按此方法将剩余的腊肠包住。

5. 放入蒸笼中静置发酵20分钟。

6. 将蒸笼放入烧开的蒸锅内，大火蒸10分钟即可。

🕐 12分钟 | ⚖ 60g×15个

材料

中筋面粉……300克　　　培根……2片

快速酵母……5克　　　　葱花、食用油、清水……各适量

白糖……10克

做法

1. 面粉筛入碗中，酵母粉、白糖倒入清水，搅拌匀后再倒入面粉内，充分拌匀揉成面团，装入碗中后覆盖上保鲜膜，静置发酵30分钟。

2. 取出发酵好的面团放在铺有面粉的工作台上，将面团内的空气挤压去。

3. 将面团擀制成椭圆的厚片，涂抹上食用油，铺上培根，撒上葱花。

4. 再将面皮卷起。

5. 切成均匀的15段，静置发酵20分钟。

6. 放入烧开的蒸锅内，大火蒸12分钟即可。

1

2

3

4

5

6

墨鱼培根卷

🕐 12分钟 | ⚖️ 40g×12个

中筋面粉……300克　　　竹炭粉……7克

快速酵母……8克　　　　培根……4片

白糖……15克　　　　　清水……适量

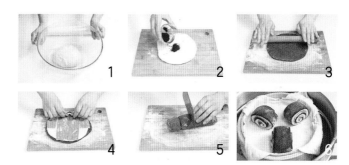

做法

1. 面粉筛入碗中，酵母粉、白糖倒入清水，搅拌匀后再倒入粉内，充分拌匀揉成面团，装入碗中后覆盖上保鲜膜，静置发酵30分钟。

2. 取出发酵好的面团放在铺有面粉的工作台上，将面团内的空气挤压去，再将面团对半切开，取一半面团压扁撒上竹炭粉，充分揉匀制成黑色面团。

3. 将两种颜色的面团分别擀制成大小一致的椭圆面皮。

4. 黑色面皮上盖上白色的面皮，铺上培根片，再将其卷起。

5. 均匀切成12个面团，静置20分钟进行二次发酵。

6. 将发酵好的生坯放入烧开的蒸锅内，大火蒸12分钟即可。

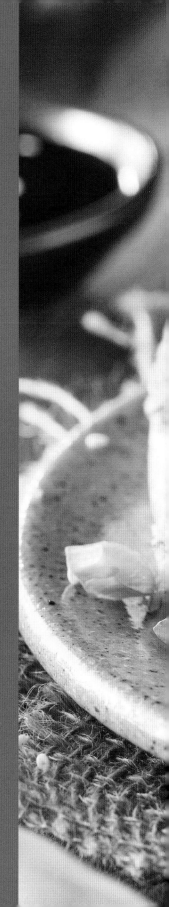

超级有内涵的包子、饺子

包子、饺子都是历史悠久的面食，馅料多样，肉类馅料可搭配多种富含膳食纤维和矿物质的蔬菜。常用的馅为猪肉、牛肉、粉条、香菇、豆沙、芹菜、茄子、卷心菜、韭菜、芝麻等，味道鲜美、营养丰富。吃腻了外面的包子、饺子，就赶紧动手在家做吧。

16分钟 |  120g×10个

美味素包

材料

中筋面粉……400克	白糖……15克
快速酵母……6克	清水……适量

 1  2  3 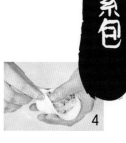 4

做法

1. 面粉筛入碗中，酵母粉、白糖倒入清水，搅拌匀后再倒入面粉内，充分拌匀揉成面团，装入碗中后覆盖上保鲜膜，静置发酵30分钟。

2. 取出发酵好的面团放在铺有面粉的工作台上，将面团内的空气挤压去，将面团搓成粗条状，切成等份的剂子。

3. 将剂子逐一擀制成包子皮。

4. 包入馅料，将包子边缘慢慢捏成褶子，使馅料完全包入制成包子生坯，间隔排入蒸笼中，静置第二次发酵30分钟后放入烧开的蒸锅内，大火蒸约13分钟，熄火闷约3分钟即可。

馅料

材料

卷心菜……200克	香菇……30克	蚝油……少许
胡萝卜……30克	盐……适量	芝麻油……少许

做法

洗好的卷心菜切碎后装入碗中，放入少许盐，搅拌腌渍片刻后挤去多余的水分；洗好的香菇、胡萝卜均切碎，与卷心菜碎混合，加盐、蚝油，充分拌匀，再淋入芝麻油，拌匀即可。

香菇包

 16分钟 | 120g×10个

材料

中筋面粉……400克　　　　白糖……15克

快速酵母……6克　　　　　清水……适量

 1  2  3

做法

1. 面粉筛入碗中，酵母粉、白糖倒入清水，搅拌匀后再倒入面粉内，充分拌匀揉成面团，装碗后覆盖上保鲜膜，静置发酵30分钟。取出发好的面团放在铺有面粉的工作台上，将面团内的空气挤压去，搓成粗条状。

2. 切成等份的剂子，逐一擀制成包子皮。

3. 将包子边缘慢慢捏成褶子，将馅料完全包入，制成包子生坯，间隔排入蒸笼中，静置第二次发酵30分钟后放入烧开的蒸锅内，大火蒸约13分钟，熄火闷约3分钟即可。

馅料

材料

香菇丁……200克　　　　黄油……20克

大葱丝……100克　　　　盐、黑胡椒……各适量

做法

　　香菇丁、大葱丝装入碗中，加入盐腌渍去除多余水分；黄油倒入锅中烧化，倒入香菇煎出香味，将盐、黑胡椒撒在香菇上，拌匀后倒入葱丝，拌匀即可。

 16分钟 | 120g×10个

香辣萝卜丝包

材料

中筋面粉……400克   白糖……15克

快速酵母……6克   清水……适量

做法

1. 面粉筛入碗中，酵母粉、白糖倒入清水，搅拌匀后再倒入面粉内，充分拌匀揉成面团，装入碗中后覆盖上保鲜膜，静置发酵30分钟。

2. 发酵好的面团放在铺有面粉的工作台上，将面团内的空气挤压去，将面团搓成粗条，切成等份的剂子。

3. 逐一擀制成包子皮，再包入馅料，将边缘慢慢捏成褶子，使馅料完全包入成为生坯。

4. 将包子生坯间隔排入蒸笼中，静置第二次发酵30分钟后放入烧开的蒸锅内，大火蒸约13分钟，熄火闷约3分钟即可。

馅料

材料

白萝卜……300克   辣椒碎……3克   盐……4克

香菜碎……8克   芝麻油……4毫升   鸡粉……2克

做法

白萝卜去皮刨成丝；白萝卜丝内加少许盐揉搓，腌渍30分钟，挤去多余水分，切小段装入碗中，放入香菜碎，加芝麻油、盐、鸡粉，充分拌匀；加入辣椒碎，拌匀即成。

 16分钟 | 120g×10个

韭菜鸡蛋包

材料

中筋面粉……400克　　白糖……15克
快速酵母……6克　　　清水……适量

 1 2  3  4

做法

1. 面粉筛入碗中，酵母粉、白糖倒入清水，搅拌匀后再倒入面粉内，充分拌匀揉成面团，装入碗中后覆盖上保鲜膜，静置发酵30分钟。

2. 发酵好的面团放在铺有面粉的工作台上，将面团内的空气挤压去，搓成粗条，切成等份的剂子，逐一擀制成包子皮。

3. 包入馅料，将边缘慢慢捏成一个个褶子，使馅料完全包入做成包子生坯。

4. 间隔排入蒸笼中，静置第二次发酵30分钟后放入烧开的蒸锅内，大火蒸约13分钟，熄火闷约3分钟即可。

馅料

材料

韭菜……200克　　虾皮……5克　　　蚝油……5克
蛋液……100克　　盐……2克　　　　食用油……适量

做法

韭菜洗净切碎，蛋液加1克盐拌匀；煎锅倒油烧热，倒入蛋液煎成金黄的蛋饼；虾皮入干锅内，翻炒干燥；待鸡蛋饼放凉切碎倒入韭菜内，加入虾皮，再加全部调料，拌匀即可。

笋丁香菇包

🕐 16分钟 | ⚖ 120g×10个

中筋面粉……400克   白糖……15克

快速酵母……6克   清水……适量

1   2   3

做法

1. 面粉筛入碗中，酵母粉、白糖倒入清水，拌匀后再倒入面粉内，充分拌匀揉成面团，装碗后盖上保鲜膜，静置发酵30分钟。取出发酵好的面团放在工作台上。

2. 将面团内的空气挤压去，搓成粗条，切成等份的剂子。

3. 逐一擀制成包子皮，再包入适量的馅料，将包子皮边缘慢慢捏成褶子，将馅料完全包入，间隔排入蒸笼中，静置第二次发酵30分钟后放入烧开的蒸锅内，大火蒸约13分钟，熄火闷约3分钟即可。

馅料

材料

笋……150克   白糖、盐……各2克

香菇……80克   料酒……8毫升

葱花……8克   蚝油、食用油……各适量

做法

处理好的笋切成小丁，倒入碗中加入盐腌渍片刻，香菇洗净切小丁；热锅注油烧热，倒入笋丁炒香，倒入料酒，炒匀后倒入香菇；加盐、白糖、蚝油拌匀，加入葱花即可。

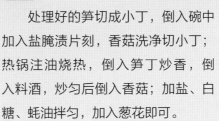

香辣豆腐包

🕐 16分钟 | ⚖ 120g×10个

材料

中筋面粉……400克　　　白糖……15克

快速酵母……6克　　　　清水……适量

2　　3

做法

1. 面粉筛入碗中，酵母粉、白糖倒入清水，搅拌匀后再倒入面粉内，充分拌匀揉成面团，装碗后盖上保鲜膜，静置发酵30分钟后放在铺有面粉的工作台上，将面团内的空气挤压去，搓成粗条。

2. 切成等份的剂子，逐一擀制成包子皮，包入馅料，将边缘慢慢捏成褶子，使馅料完全包入，即成包子生坯。

3. 间隔排入蒸笼中，静置二次发酵30分钟后放入烧开的蒸锅内，大火蒸约13分钟，熄火闷约3分钟即可。

馅料

材料

彩椒……40克　　　　盐、辣椒粉……各2克

老豆腐……150克　　　蚝油……适量

做法

彩椒切成小粒；锅中注水烧开，加少许盐，放入老豆腐煮1分钟，捞出沥干水分；豆腐切成小块；将豆腐、彩椒装入碗中，加辣椒粉、盐、蚝油，搅拌匀即可。

 16分钟 | 120g×10个

菠菜二鲜包

材料

中筋面粉……400克 　　白糖……15克

快速酵母……6克 　　清水……适量

做法

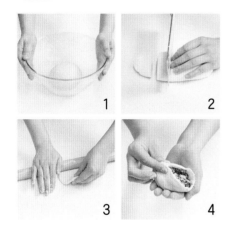

1　　2

3　　4

1. 酵母粉、白糖加清水，拌匀，倒入装有面粉的碗内，拌匀揉成面团，装碗后盖上保鲜膜，静置发酵30分钟。

2. 发酵好的面团放在工作台上，挤压去除空气，搓成粗条，切成等份的剂子。

3. 逐一擀制成包子皮。

4. 包入适量的馅料，将包子边缘慢慢捏成褶子，将馅料完全包入制成包子生坯；间隔排入蒸笼中，静置第二次发酵30分钟后放入烧开的蒸锅内，大火蒸约13分钟，熄火闷约3分钟即可。

馅料

材料

菠菜……130克 　　盐……2克

香菇……50克 　　鸡粉……2克

蛋液……50克 　　橄榄油……适量

做法

　　香菇洗净切小丁；菠菜洗净汆烫后切碎；热锅倒入橄榄油烧热，加入蛋液炒散，再加入其他材料，拌匀炒至八成熟，加入盐、鸡粉，翻炒匀即可。

香椿蛋碎包

16分钟 | 120g×10个

中筋面粉……400克 　　 白糖……15克

快速酵母……6克 　　　 清水……适量

做法

1. 面粉筛入碗中，酵母粉、白糖倒入清水，搅拌匀后再倒入面粉内，充分拌匀揉成面团，装入碗中后覆盖上保鲜膜，静置发酵30分钟。

2. 发酵好的面团放在工作台上，挤压去除空气，搓成粗条，切成等份的剂子，逐一擀制成包子皮。

3. 包入馅料，将边缘慢慢捏成褶子，使馅料完全包入。间隔排入蒸笼中，静置第二次发酵30分钟后放入烧开的蒸锅内，大火蒸约13分钟，熄火闷约3分钟即可。

馅料

材料

香椿……50克 　　　 盐……2克

鸡蛋……150克 　　 食用油……适量

做法

　　洗净的香椿切碎；鸡蛋打入碗中，加入盐，充分打成蛋液；热锅注油烧热，倒入香椿炒出香味后再倒入蛋液，持续翻炒成蛋碎即可。

10分钟 |  120g×5个

鲜肉生煎包

材料

中筋面粉……200克   清水……适量

快速酵母……4克   葱花、白芝麻……各少许

白糖……10克

 1    2    3   4

做法

1. 面粉筛入碗中，酵母粉、白糖倒入清水，搅拌匀后再倒入面粉内，充分拌匀揉成面团，装入碗中后覆盖上保鲜膜，静置发酵30分钟。

2. 发酵好的面团放在铺有面粉的工作台上，将面团内的空气挤压去，搓成粗条，切成等份的剂子。

3. 将剂子逐一擀制成包子皮，再包入适量的馅料，将包子边缘慢慢捏成褶子，将馅料完全包入即成包子生坯，静置20分钟再次发酵。

4. 煎锅热油，放入生坯后小火将底部煎至金黄，沿着锅边倒入适量清水，加盖后中火将水完全收干。掀盖，撒上葱花、白芝麻，再加盖闷制片刻即可。

馅料

材料

猪肉……200克   生姜末……少许   生抽……少许

葱花……少许   盐……少许

做法

　　猪肉洗净，剁成肉糜；将肉糜装入碗中，加入葱花、生姜末、盐，再淋入生抽，搅拌匀，继续沿顺时针方向搅打上劲即可。

16分钟 | 120g×10个

泡菜猪肉包

材料

中筋面粉……400克   白糖……15克
快速酵母……6克   清水……适量

做法

1. 面粉筛入碗中，酵母粉、白糖加清水，拌匀后再倒入面粉内揉成面团，装碗后盖上保鲜膜，静置发酵30分钟。

2. 发酵好的面团放在工作台上，将面团内的空气挤压去，搓成粗条，切成10等份的剂子，逐一擀制成包子皮。

3. 包入适量的馅料，将包子边缘慢慢捏成褶子，将馅料完全包入。

4. 间隔排入蒸笼中，静置二次发酵30分钟，待蒸锅水滚后，放入蒸锅大火蒸约13分钟，熄火闷约3分钟即可。

馅料

材料

泡菜……40克   盐、白糖……各2克   料酒……5毫升
五花肉……60克   白芝麻……4克   食用油……适量

做法

泡菜切成碎丝，五花肉去皮洗净切成条；煎锅注油放入五花肉将其煎成金黄色；倒入泡菜，炒片刻，加白糖，炒匀，加料酒、盐，炒至入味，关火后撒入白芝麻即可。

10分钟 |  50g×12个

材料

中筋面粉……200克　　　　白糖……6克

酵母粉……5克　　　　　　清水……适量

小笼包

做法

1. 面粉筛入碗中，酵母粉、白糖倒入清水，搅拌匀后再倒入面粉内，充分拌匀揉成面团，装入碗中后覆盖上保鲜膜，静置发酵30分钟。

2. 发酵好的面团放在铺有面粉的工作台上，将面团内的空气挤压去，再将面团搓成粗条，切成等份的剂子，逐一擀制成包子皮。

3. 再包入适量的馅料，将包子边缘慢慢捏成褶子，将馅料完全包入。

4. 包子摆入笼屉内，放入烧开的蒸锅内大火蒸10分钟即可。

馅料

材料

猪皮……40克　　　　　葱花……少许　　　　　盐……少许

猪肉糜……100克　　　生姜末……少许　　　蚝油……少许

做法

　　猪皮入高压锅内，注水，大火将其软化成肉汤，放凉；将猪肉糜倒入碗中，加盐、蚝油，单向搅拌匀；倒入猪皮汤，再次搅拌匀后入冰箱冷藏20分钟，取出加葱花、生姜末，拌匀即可。

蜜汁叉烧包

 16分钟 | 120g×10个

中筋面粉……400克　　　　白糖……15克

快速酵母……6克　　　　　清水……适量

做法

1. 面粉筛入碗中，酵母粉、白糖加清水，拌匀后再倒入粉内揉成面团，装碗后盖上保鲜膜，静置发酵30分钟。

2. 发酵好的面团放在铺有面粉的工作台上，将面团内的空气挤压去，搓成粗条，切成等份的剂子，逐一擀制成包子皮。

3. 包入馅料，将边缘慢慢捏成褶子，使馅料完全包入即成包子生坯。间隔排入蒸笼中，静置二次发酵30分钟，待蒸锅水滚后，入蒸笼大火蒸约16分钟即可。

馅料

材料

叉烧肉……200克　　　　盐……2克

洋葱……30克　　　　　料酒、葱花……各少许

做法

　　叉烧肉切成小丁，洋葱切成丝；洋葱内加入少许盐，搅拌后腌渍软；将洋葱倒入叉烧肉内，搅拌匀后倒入葱花、料酒，再次搅拌即可。

香菇鸡肉包

 16分钟 | 120g×10个

材料

中筋面粉……400克　　　白糖……15克

快速酵母……6克　　　　清水……适量

做法

1. 面粉筛入碗中，酵母粉、白糖加清水，拌匀后再倒入面粉内揉成面团，装碗后再盖上保鲜膜，静置发酵30分钟。

2. 发酵好的面团放在工作台上，挤压去空气，搓成粗条，切成等份的剂子，逐一擀制成包子皮。

3. 包入适量的馅料，将包子边缘慢慢捏成褶子，将馅料完全包入即成包子生坯，间隔排入蒸笼中，静置第二次发酵30分钟。待蒸锅水滚后，放入蒸笼以大火蒸约13分钟，熄火闷约3分钟即可。

馅料

材料

鸡腿肉丁……250克　　　　盐……2克

猪肥油、香菇碎……各30克　葱花、油……各少许

做法

　　鸡肉、猪肥油装碗中，加盐调味，单向拌匀后加葱花，拌匀入冰箱冷藏30分钟；热油锅，入香菇炒香，盛出倒入鸡肉内，拌匀即成。

16分钟  120g×10个

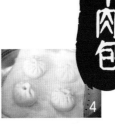
西红柿牛肉包

材料

中筋面粉……400克　　白糖……15克

快速酵母……6克　　　清水……适量

做法

1. 面粉筛入碗中，酵母粉、白糖倒入清水，搅拌匀后再倒入面粉内，充分拌匀揉成面团，装碗后盖上保鲜膜，静置发酵30分钟后放在工作台上，挤压去空气。

2. 搓成粗条，切成等份的剂子，逐一擀制成包子皮。

3. 包入适量的馅料，将包子边缘慢慢捏成褶子，将馅料完全包入即成包子生坯。

4. 间隔排入蒸笼中，静置第二次发酵30分钟，待蒸锅水滚后，放入蒸笼以大火蒸约13分钟，熄火闷约3分钟即可。

馅料

材料

西红柿……200克　　蒜瓣……8克　　　料酒……适量

肥牛……120克　　　盐……2克　　　　食用油……适量

做法

　　蒜瓣洗净切末，西红柿洗净切小块；热锅注油烧热，入蒜末，小火煎成浅金色，倒入西红柿，炒至软烂，将肥牛放入，炒至转色，加少许料酒，略煮片刻后加入盐，搅拌入味即可。

16分钟 | 120g × 10个

洋葱肥牛包

材料

中筋面粉……400克   白糖……15克
快速酵母……6克   清水……适量

做法

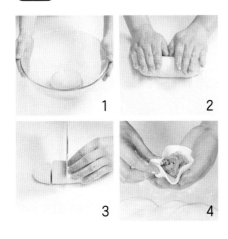

1. 面粉筛入碗中，酵母粉、白糖加清水，拌匀后再倒入面粉内揉成面团，装碗后盖上保鲜膜，静置发酵30分钟。
2. 发酵好的面团放在工作台上，将面团内的空气挤压去，搓成粗条。
3. 切成10等份的剂子，逐一擀制成包子皮。
4. 包入馅料，将包子边缘慢慢捏成褶子，将馅料完全包入，间隔排入蒸笼中，静置二次发酵30分钟，待蒸锅水滚后，放入蒸笼大火蒸约16分钟即可。

馅料

材料

白洋葱……100克   料酒……10毫升   黑胡椒……2克
肥牛……40克   盐……2克   食用油……适量

做法

白洋葱处理好切成丝，放入注油热锅内，翻炒至呈浅褐色，倒入肥牛，翻炒后加入料酒，炒香，再放入盐、黑胡椒，翻炒入味，盛出即可。

⏱ 12分钟 | ⚖ 100g×5个

脆皮双面煎包

材料

中筋面粉……200克　　　白糖……10克

快速酵母……4克　　　　清水、食用油……各适量

 1  2  3  4

做法

1. 面粉筛入碗中，酵母粉、白糖加清水，拌匀再倒入面粉内，拌匀揉成面团，装碗后盖上保鲜膜，静置发酵30分钟后放在铺有面粉的工作台上，挤压去空气。

2. 将面团搓成粗条，切成等份的剂子，逐一擀制成包子皮。

3. 包入适量的馅料，将包子边缘慢慢捏成褶子，将馅料完全包入即成包子生坯，静置20分钟再次发酵。

4. 煎锅注油烧热，放入包子生坯后用小火将包子底部煎至金黄色，将适量清水沿着锅边倒入，盖上锅盖后再用中火将水完全收干。掀开锅盖，将包子翻面再淋入少许食用油，再将其煎至金黄即可。

馅料

材料

水发冬粉……20克　　　香菇丁……20克　　　蚝油……3克

豆干丁……100克　　　　盐……4克　　　　　食用油……适量

做法

　　冬粉切碎后装入碗中；将豆干丁、香菇丁倒入冬粉内，再加入盐、蚝油、食用油，充分搅拌匀即可。

13分钟 | 100g×10个

虾仁鲜肉生煎

材料

中筋面粉……400克　　　白糖……15克

快速酵母……6克　　　　清水……适量

葱花、白芝麻……各适量

做法

1. 面粉筛入碗中，酵母粉、白糖加清水，拌匀后倒入面粉内，揉成面团，装碗后盖上保鲜膜，静置发酵30分钟。

2. 发酵好的面团放在工作台上，挤压去空气，搓成粗条，切成等份的剂子。

3. 逐一擀制成包子皮，包入馅料，再摆放上一个虾仁，将边缘慢慢捏成褶子，即成包子生坯，静置20分钟再次发酵。

4. 煎锅热油，放入生坯后小火将底部煎至金黄，沿着锅边倒入适量清水，加盖后中火将水完全收干。掀盖，撒上葱花、白芝麻，再加盖闷制片刻即可。

馅料

材料

鲜虾仁……80克　　　猪肉糜……100克　　　生姜末……少许

猪皮……40克　　　　蚝油、葱花…各少许　　盐……少许

做法

　　猪皮入高压锅内，注水，大火煮成肉汤，放凉；猪肉糜入碗中，加盐、蚝油，单向搅拌匀，倒入猪皮汤，拌匀后入冰箱冷藏20分钟，取出加鲜虾仁、葱花、生姜末，拌匀即可。

芝麻糖包

🕐 16分钟 | ⚖️ 100g×12个

材料

中筋面粉……400克　　　清水……适量　　　猪油……10克

快速酵母……6克　　　黑芝麻……40克　　　白糖……30克

做法

1. 面粉筛入碗中，酵母粉、15克白糖倒入清水，搅拌匀后再倒入粉内，充分拌匀揉成面团，装入碗中后覆盖上保鲜膜，静置发酵30分钟。

2. 黑芝麻入搅拌机内磨成粉后装碗，加15克白糖、猪油，拌匀制成馅料。

3. 取出发酵好的面团放在铺有面粉的工作台上，将面团内的空气挤压去，将面团搓成粗条，切成等份的剂子，逐一擀制成包子皮，再包入适量的馅料。

4. 将包子皮边缘慢慢捏成褶子，将馅料完全包入。间隔排入蒸笼中，静置第二次发酵30分钟，待蒸锅水滚后，放入蒸笼以大火蒸约16分钟即可。

豆沙红糖包

🕐 16分钟 | ⚖ 100g×12个

材料

中筋面粉……400克 红糖……10克 红豆沙……150克
快速酵母……6克 白糖……15克 清水……适量

做法

1. 面粉筛入碗中，酵母粉、白糖倒入清水，搅拌匀后再倒入面粉内，充分拌匀揉成面团，装入碗中后覆盖上保鲜膜，静置发酵30分钟。

2. 取出发酵好的面团放在工作台上，将面团内的空气挤压去，再把红糖撒在面团上，将其充分揉匀，搓成粗条，切成等份的剂子，逐一擀制成包子皮。

3. 取一份红豆沙馅包入面皮中，使其呈圆球状，收口朝下放在包子纸上，剩余面皮依序完成。间隔排入蒸笼中，静置第二次发酵30分钟，待蒸锅水滚后，放入蒸笼以大火蒸约13分钟，熄火闷约3分钟即可。

奶黄包

 16分钟 | 🖳 100g×12个

材料

中筋面粉……400克　　白糖……15克　　　　奶黄馅……150克

快速酵母……6克　　　清水……适量

做法

1. 面粉筛入碗中，酵母粉、白糖倒入清水，搅拌匀后再倒入粉内，充分拌匀揉成面团，装入碗中后覆盖上保鲜膜，静置发酵30分钟后放在工作台上。

2. 发酵好的面团挤压去空气，搓成粗条，切成等份的剂子，逐一擀制成面皮。

3. 将奶黄馅均分成12份，取一份奶黄馅包入面皮中，使其呈圆球状，收口朝下放在包子纸上，剩余面皮依序完成。

4. 间隔排入蒸笼中，静置第二次发酵30分钟，待蒸锅水滚后，放入蒸笼以大火蒸约13分钟，熄火闷约3分钟即可。

黑芝麻奶黄包

🕐 15分钟 | ⚖ 100g×12个

材料

黑芝麻粉……100克　　快速酵母……6克　　　清水……适量

中筋面粉……300克　　白糖……20克　　　　奶黄馅……130克

做法

1. 黑芝麻粉、面粉一起过筛入碗中，酵母粉、白糖倒入清水，搅拌匀后再倒入面粉内，充分拌匀揉成面团，装入碗中后覆盖上保鲜膜，静置发酵30分钟。

2. 取出发酵好的面团放在工作台上，略压排去空气后略微压扁，再揉成粗条的面团，切成大小均等的12个剂子，逐一擀制成外缘薄中间稍厚的圆面皮。

3. 逐一包入奶黄馅料，收紧收口使其完全包住馅料，收口朝下摆入笼屉内，静置第二次发酵30分钟。

4. 待蒸锅水滚后，放入蒸笼以大火蒸约12分钟，熄火闷约3分钟即可。

15分钟 |  100g×12个

红豆三角包

材料

中筋面粉……400克　　　清水……适量

快速酵母……6克　　　红苋菜……100克

白糖……20克

 1 2  3  4

做法

1. 锅中注入清水烧热，放入红苋菜煮熟且汤汁成红色，盛出汤汁放凉；面粉筛入碗中，酵母粉、白糖倒入温水，拌匀后再倒入面粉内，加入红苋菜汁揉成面团。

2. 装入碗中后覆盖上保鲜膜，静置发酵30分钟。

3. 发酵好的面团放在铺有面粉的工作台上，略压排去空气后略微压扁，再揉成粗条的面团，切成均等的12个剂子，逐一擀制成外缘薄中间稍厚的圆面皮。

4. 逐一包入馅料，收紧收口使其完全包住馅料，收口朝下摆入笼屉内，静置第二次发酵30分钟，待蒸锅水滚后，放入蒸笼以大火蒸约12分钟，熄火闷约3分钟即可。

馅料

材料

红豆……500克　　　白糖……200克　　　清水……适量

做法

　　红豆洗净，提前浸泡1天；高压锅中注水，倒入泡发好的红豆，红豆和水的比例为1:2，大火煮沸后中火高压30分钟，放入白糖，拌匀，略煮至水分收干即可。

16分钟 | 140g×12个

黄金薯泥包

材料

中筋面粉……400克   白糖……15克

快速酵母……6克   清水……适量

做法

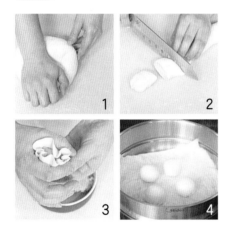

1. 面粉筛入碗中，酵母粉、白糖倒入清水，搅拌匀后再倒入面粉内，充分拌匀揉成面团，装入碗中后覆盖上保鲜膜，静置发酵30分钟。

2. 发酵好的面团放在工作台上，挤压去空气，搓成粗条，切成等份的剂子，逐一擀制成外缘薄中间厚的包子皮。

3. 逐一包入馅料，收紧包子边缘，将馅料完全包入，搓成圆形。

4. 间隔排入蒸笼中，静置第二次发酵30分钟，待蒸锅水滚后，放入蒸笼以大火蒸约16分钟即可。

馅料

材料

红薯……200克   牛奶……20毫升   白糖……10克

做法

红薯洗净去皮，放入蒸锅内，大火将其蒸熟取出，放凉；将红薯捣成薯泥，加白糖拌匀，淋入牛奶混合匀即可。

双色蛋黄包

🕐 16分钟 | ⚖ 140g×12个

材料

中筋面粉……400克   快速酵母……6克   清水……适量

胡萝卜汁……100毫升   白糖……15克   咸蛋黄……12个

做法

1. 面粉加白糖、酵母粉，拌匀。取一半面粉滤入胡萝卜汁，混合匀揉成有色面团，剩余的粉内加清水，拌匀揉成白色面团，分别盖上保鲜膜发酵30分钟。

2. 取出发酵好的有色面团，放在铺有面粉的工作台上，略压扁后，擀成厚约1厘米的面皮，以卷压方式将空气挤出，并使其呈圆柱状面团再擀薄。

3. 取出发酵好的白面团擀薄，两块面皮相叠后卷起，切成大小均等的剂子，切面朝上摆放着擀成面皮，逐个包入咸蛋黄，收紧口后收口朝下摆放，间隔排入蒸笼中，静置第二次发酵30分钟，放入烧开水的蒸笼大火蒸约16分钟即可。

 16分钟 | 140g×12个

材料

中筋面粉……400克　　　白糖……15克　　　　可可粉……15克
快速酵母……6克　　　　清水……适量　　　　黑巧克力……12块

做法

1. 面粉筛入碗中，酵母粉、可可粉、白糖倒入清水，搅拌匀后再倒入面粉内。
2. 充分拌匀揉成面团，装入碗中后覆盖上保鲜膜，静置发酵30分钟。
3. 取出发酵好的面团放在铺有面粉的工作台上，将面团内的空气挤压去。
4. 将面团搓成粗条，切成等份的剂子。
5. 逐一擀制成包子皮，再包入整块巧克力，将边缘慢慢捏成褶子，将馅料完全包入。
6. 间隔排入蒸笼中，静置第二次发酵30分钟，待蒸锅水滚后，放入蒸笼以大火蒸约13分钟，熄火闷约3分钟即可。

15分钟 |  80g×12个

翡翠白菜饺

材料

面粉……500克

菠菜叶……150克

 1
 2
 3
 4

做法

1. 菠菜叶洗净打成菠菜泥，然后用200克面粉加适量菠菜泥和成绿色面团，剩下300克面粉和成白色面团，饧发半小时。

2. 绿色面团擀成长方形片放到下面，白色面团搓成长条放在上面，用绿色面皮把白色面团卷起来。

3. 切成剂子压扁，擀成大小均等的皮。放入适量的馅料，逐个包好。

4. 放入烧开水的锅中，水煮开后再煮8分钟，捞出即可。

馅料

材料

猪肉馅……300克　　姜末、食用油……各少许

葱花……15克　　　盐、芝麻油……各适量

白菜馅……200克　　蚝油、生抽……各适量

做法

　　猪肉馅、白菜馅装入碗中，倒入葱花、姜末，加入芝麻油、蚝油、生抽、盐、食用油，拌匀制成饺子馅即可。

🕐 12分钟 | ⚖ 100g×10个

煎素面饺

材料

面粉……300克

清水……适量

生粉水、食用油……各适量

做法

1. 面粉筛入碗中，倒入清水，充分搅拌和成面团，盖上保鲜膜饧发半小时。

2. 发酵好的面团放在铺有面粉的工作台上，将面团内的空气挤压去，将面团搓成粗条，切成等份的剂子。

3. 逐一擀制成饺子皮。接着放入适量的馅料，从右至左捏紧成饺子生坯。

4. 煎锅内倒油烧热，摆入饺子生坯后用小火加热，将生粉水沿边倒入煎锅内，加盖，中火将饺子煎熟即可。

馅料

材料

卷心菜……200克　　　蚝油……少许

水发香菇……40克　　　芝麻油……少许

盐……3克

做法

　　卷心菜洗净切成丝后再切碎，装入碗中，加入盐后拌匀略放一会儿；将卷心菜挤去水分，香菇切小粒后倒入卷心菜内，加盐、蚝油、芝麻油，拌匀即可。

豆角素饺

🕐 12分钟 | ⚖️ 80g×6个

 材料

澄面……300克　　豆角……15克　　　盐……2克

生粉……60克　　　橄榄菜……30克　　鸡粉……2克

清水……适量　　　胡萝卜……120克　食用油……适量

做法

1. 澄面、生粉混合匀，开水烫成面糊后倒在案台上，搓成粗条面团，切成小剂子后擀成饺子皮；豆角、胡萝卜洗净切粒后放入烧开水的锅中煮1分钟，捞出。用油起锅，倒入胡萝卜和豆角，炒匀，放盐、鸡粉、橄榄菜、清水，炒匀即可。

2. 取适量馅料放在饺子皮上，收口捏紧，收口处捏出小窝，制成生坯。

3. 在收口处分别放上胡萝卜粒、豆角粒、橄榄菜点缀。

4. 把生坯装入垫有笼底纸的蒸笼里，放入烧开的蒸锅内，大火蒸12分钟即可。

家乡蒸饺

🕐 12分钟 | ⚖ 80g×12个

材料

面粉……500克   韭菜……500克   鸡粉……2克

酵母、泡打粉……各少许   猪肉末……100克   糖、生粉、胡椒粉……各3克

清水……适量   盐……1克

做法

1. 面粉开窝，放糖、酵母、泡打粉，加水拌匀，揉成面团，静置10分钟。

2. 洗净的韭菜切碎，加生粉和盐，先拌一下，再加入猪肉末、胡椒粉、糖、鸡粉拌匀，做成馅料即可。

3. 将面团分成20克一份的小面团，将小面团擀成薄皮面皮，取面皮放上适量的馅料，从右至左捏紧收口，呈饺子形。

4. 把生坯装入垫有笼底纸的蒸笼里，放入烧开的蒸锅内，用大火蒸12分钟即可。

芹菜猪肉水饺

 15分钟 | 140g×12个

材料

面粉……250克　　　　沙葛末……30克　　　　白糖、生粉……各5克
清水……适量　　　　　猪肉末……40克　　　　蚝油、猪油……各8克
芹菜末……30克　　　　盐……2克

做法

1. 面粉倒入碗中，加入适量清水，揉成光滑的面团，松弛30分钟。猪肉末、沙葛末、芹菜末装碗中，加盐、白糖、蚝油、生粉、猪油，拌匀，即成馅料。

2. 取出松弛好的面团，揉成粗条状，再切成均等的小剂子，擀成饺子皮。

3. 取饺子皮，放上适量馅料，从右至左捏紧收口，制成芹菜饺生坯，放入铺有油纸的蒸笼中。

4. 蒸锅注水烧开，放入蒸笼，大火蒸约15分钟至熟即可。

金银元宝蒸饺

⏰ 15分钟 | ⚖️ 100g×10个

 材料

面粉……350克　　　　肉末……65克　　　　香菇粒……55克

熟南瓜泥……75克　　白菜末……60克　　生抽、芝麻油……各5毫升

清水……适量　　　　盐、鸡粉……各2克　　姜末、葱花……各少许

做法

1. 一半面粉倒入碗中，加清水，揉成白面团；另一半面粉加熟南瓜泥、清水，拌匀揉成南瓜面团，分别用保鲜膜盖好，发酵10分钟。白菜末、香菇粒装碗，加盐拌匀腌10分钟后沥去水分，加肉末、姜末、葱花及调味料，拌匀成馅料。

2. 取出白色面团和南瓜面团，分别揉成粗条状，切成小剂子，依次擀成白色和金元宝饺子皮。取白色饺子皮，将适量馅料放饺子皮中，将边缘处捏紧，再将两个角往中间包紧，捏在一起，制成银元宝生坯，放盘中。依此方法，将剩余的饺子皮包好，放入铺有油纸的蒸笼中，大火蒸15分钟即可。

🕐 10分钟 | ⏲ 80g×12个

生煎白菜饺

材料

面粉……250克　　　　　　白芝麻……少许

清水……适量　　　　　　香菜、食用油……各适量

做法

1. 碗中放入面粉、清水，揉成面团后放入玻璃碗中，封上保鲜膜，饧20分钟。

2. 取出饧好的面团，搓成粗条状，切成均等的小剂子，撒上面粉，用擀面杖将小剂子擀成饺子皮。

3. 将馅料放在饺子皮中央，中间的部分先捏住，再用左右手的大拇指和食指，压住皮的边缘稍用力一挤，将饺子皮完全捏合即可包成饺子。

4. 热锅注油，烧至五成热，放入饺子，煎香后注水，盖上盖子，转小火煎煮5分钟，揭开盖子，撒入白芝麻，再盖上锅盖，闷煮3分钟，撒上香菜装盘即可。

馅料

材料

大白菜碎……60克　　　　姜末……8克　　　　　　橄榄油……适量

胡萝卜粒……80克　　　　盐……3克

香菇粒……70克　　　　　蚝油……6克

做法

　　大白菜碎加盐，略腌5分钟，沥去水分；热锅注入橄榄油，下姜末，爆香，下胡萝卜粒、香菇粒，炒匀，加盐、蚝油，炒入味，盛碗中，放入大白菜，拌匀即成。

咸水角

🕐 15分钟 | ⚖️ 80g×12个

材料

糯米粉……500克　　清水……250毫升　　洋葱碎……50克

猪油……150克　　　肉末、白糖……各80克　生抽、盐、鸡粉、食用

澄面……100克　　　虾米碎、香菇碎……各25克　油……各适量

做法

1. 澄面装碗中，加适量开水，拌匀，盖上保鲜膜，静置约20分钟，使澄面充分吸干水分，揭开碗，揉搓匀，制成澄面团。部分糯米粉放在案板上，开窝，加白糖、适量清水，拌匀，再分次加入余下的糯米粉、清水，拌匀，揉至纯滑。

2. 放入澄面团，混合匀，加猪油，揉匀，搓成长条状，分切成小剂子，并将剂子一一压成饼状，使中间微微向下凹，待用。

3. 锅中热油，倒入虾米碎、香菇碎，炒透，加肉末、洋葱碎炒匀，加调味料，炒匀。取面饼包入馅料，捏紧成型，制成咸水角生坯，放入烧至150℃的油锅中，中火炸成浅金黄色，熟透即可。

鲜虾菠菜饺

 10分钟 | ⏱ 100g×8个

材料

澄面……180克 虾仁……40克 盐、鸡粉……各2克

生粉……75克 胡萝卜……180克 葱末、食用油……各适量

菠菜……100克 肉胶……150克 开水……适量

做法

1. 将澄面倒入碗中，加入部分生粉，拌匀，分数次加入少许开水，搅拌，揉搓成光滑的面团，分割成大小均等的剂子，用擀面杖擀成饺子皮。

2. 胡萝卜洗净切丝，焯熟待用；菠菜洗净煮至熟软，捞出沥干水分，切碎放入碗中，加肉胶、虾仁、盐、鸡粉、生粉、葱末、胡萝卜丝、食用油，拌匀制成馅料。

3. 取适量馅料，放在饺子皮上，收口捏紧，制成饺子生坯，再逐个在生坯收口处系上一根胡萝卜丝。

4. 生坯装入垫有油纸的蒸笼中，放入烧开的蒸锅，大火蒸10分钟，取出即可。

风味独佳的饼

饼类为我国历史悠久的面点品种之一。饼类食物发展至今，种类和做法更是花样百出，如葱油饼、煎饼、烙饼、肉饼、酥饼等，味道香脆可口，让人垂涎欲滴。其制作方法有很多种，都非常简单易学。

葱油饼

🕐 10分钟 ┃ ⚖ 50g×15个

材料

中筋面粉……300克　　　白糖……4克

快速酵母……5克　　　　葱花、椒盐粉……各适量

清水……适量　　　　　　食用油……适量

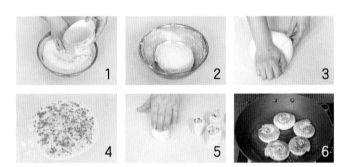

做法

1. 面粉筛入碗中，酵母粉、白糖倒入清水，搅拌匀后再倒入面粉内。

2. 充分拌匀揉成面团。装入碗中后覆盖上保鲜膜，静置发酵30分钟。

3. 取出发酵好的面团放在铺有面粉的工作台上，将面团内的空气挤压去。

4. 再将面团擀制成椭圆的厚片，涂抹上食用油，均匀地撒上椒盐粉、葱花。

5. 将面皮卷起，切成均匀的段状，切面朝上摆放后逐一按压成饼的生坯。

6. 煎锅注油烧热，放入制好的生坯，小火煎至两面呈金黄色即可。

12分钟 |  60g×12个

香葱烙饼

材料

中筋面粉……200克   清水……适量
快速酵母……6克   食用油……适量
白糖……15克

 1  2   3  4

做法

1. 面粉筛入碗中，酵母粉、白糖倒入清水，搅拌匀后再倒入面粉内，充分拌匀揉成面团，装入碗中后覆盖上保鲜膜，静置发酵30分钟。

2. 取出发酵好的面团放在铺有面粉的工作台上，将面团内的空气挤压去，将面团搓成粗条，切成等份的剂子。

3. 逐一擀制成饼皮，再包入适量的馅料，将饼皮边缘慢慢捏成褶子，将馅料完全包入即成香葱饼生坯。

4. 煎锅注油烧热，放入制好的生坯，小火煎至两面呈金黄色即可。

馅料

材料

大葱……120克   生抽……4毫升
盐……2克   食用油……适量

做法

　　大葱洗净斜刀切成丝后装入碗中，加入盐腌渍片刻；腌渍软的大葱内加入生抽，搅拌匀；热锅注油烧热，将热油倒入葱丝内即可。

⏱ 16分钟 | ⚖ 120g×6个

香菜萝卜丝烙饼

材料

中筋面粉……400克　　　白糖……15克

快速酵母……6克　　　　清水……适量

食用油……适量

做法

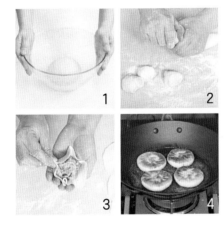

1. 面粉筛入碗中，酵母粉、白糖加清水，拌匀后倒入面粉内，揉成面团，装碗后盖上保鲜膜，静置发酵30分钟。

2. 取出发酵好的面团放在工作台上，挤压去空气，搓成粗条，均切成剂子。

3. 逐一擀制成薄薄的面皮，包入适量的馅料，将边缘慢慢捏成褶子，收紧使馅料完全包入，再微微压扁制成饼坯。

4. 饼坯放入热油锅，中火慢慢加热，将其翻面后再加热至两面金黄，熟透即可。

馅料

材料

白萝卜……200克　　　香菜……适量　　　　蚝油……适量

盐……2克　　　　　　辣椒油……适量

做法

　　白萝卜去皮洗净切成丝，放入注水烧开的锅内，煮软后捞出；香菜洗净切碎倒入萝卜丝内，加入辣椒油、盐、蚝油，搅拌匀即成馅料。

16分钟 |  120g×6个

酸菜肉丝烙饼

材料

中筋面粉……400克   清水……适量

快速酵母……6克   食用油……适量

白糖……15克

 1  2 3  4

做法

1. 面粉筛入碗中，酵母粉、白糖倒入清水，搅拌匀后再倒入面粉内，充分拌匀揉成面团，装入碗中后覆盖上保鲜膜，静置发酵30分钟。

2. 取出发酵好的面团放在铺有面粉的工作台上，将面团内的空气挤压去，将面团搓成粗条，均分成等份的剂子。

3. 逐一擀制成薄面皮，再包入适量的馅料，将面皮边缘慢慢捏成褶子，收紧使馅料完全包入，再微微地压扁制成饼坯。

4. 锅热油，放入饼坯开中火慢慢加热，将其翻面后再加热至两面金黄，熟透即可。

馅料

材料

酸菜……150克   蛋黄……1个   食用油……适量

里脊肉……40克   白糖……3克   辣椒碎、生抽……各少许

做法

　　酸菜切碎，里脊肉洗净切丝后装碗中，加入蛋黄，拌匀；热锅注油烧热，倒入肉丝炒转色后加生抽，炒匀；盛出肉丝倒入酸菜内，拌匀，加白糖、辣椒碎，拌匀即可。

奶香红豆烙饼

 16分钟 | 100g×8个

中筋面粉……400克　　白糖……15克

快速酵母……6克　　　清水……适量

做法

1. 面粉筛入碗中，酵母粉、白糖加清水，拌匀倒入面粉内，揉成面团，装碗后盖上保鲜膜静置发酵30分钟。

2. 取出发酵好的面团放在铺有面粉的工作台上，将面团内的空气挤压去，搓成粗条，切成等份的剂子。逐一擀制成圆形面皮，包入适量的馅料，将面皮边缘慢慢捏成褶子，完全包入馅料，再微微压扁制成饼坯。

3. 煎锅烧热油，放入饼坯开中火慢慢加热，将一面煎至上色后翻面再继续煎，至饼坯完全熟透即可。

馅料

材料

水发红豆……150克　　白糖……30克

牛奶……50毫升

做法

　　红豆倒入锅中，注入适量清水，加盖大火煮30分钟；再注入适量清水，中火煮20分钟至豆皮开裂，放入白糖，搅拌片刻，倒入牛奶，略煮后即可。

 8分钟 | 60g × 10个

材料

玉米粉……150克　　　牛奶……100毫升

面粉……120克　　　　泡打粉、酵母……各少许

鸡蛋……1个　　　　　白糖、食用油……各适量

清水……适量

做法

1. 将玉米粉、面粉放入大碗中，加入泡打粉、酵母、白糖，搅拌匀。

2. 打入鸡蛋，拌匀，倒入牛奶，搅拌匀。

3. 分次加入少许清水，搅拌均匀，使材料混合均匀，呈糊状。

4. 盖上湿毛巾静置30分钟，使其发酵。

5. 揭开毛巾，取出发酵好的面糊，注入少许食用油，拌匀，备用。

6. 煎锅置于火上，刷少许食用油烧热，转小火，将面糊做成数个小圆饼放入煎锅中，转中火煎出香味，晃动煎锅，再翻转小面饼，用小火煎至两面熟透即可。

1

2

3

4

5

 10分钟 | 50g×20个

牛肉馅饼

材料

中筋面粉……300克　　白糖……10克

快速酵母……5克　　食用油……适量

清水……适量

 1
 2
 3
4

做法

1. 面粉筛入碗中，酵母粉、白糖倒入清水，搅拌匀后再倒入面粉内，充分拌匀揉成面团，装入碗中后覆盖上保鲜膜，静置发酵30分钟。

2. 发酵好的面团放在工作台上，将面团内的空气挤压去，再将面团搓成长条，切成大小一致的剂子，逐一擀制成圆形面皮，在面皮上放入适量的馅料。

3. 将面皮边缘慢慢捏成褶子，将馅料完全包入，收口朝下摆放后调整形状，再逐一按压成饼的生坯。

4. 煎锅注油烧热，放入制好的生坯，将其煎至两面金黄色即可。

馅料

材料

牛绞肉……200克　　葱花……10克　　米酒……15毫升

牛油……50克　　姜末……10克　　白糖、盐、鸡粉……各2克

芹菜碎……100克　　生抽……10毫升　　芝麻油……4毫升

做法

牛绞肉、牛油、姜末装碗中，加生抽、米酒、白糖、芝麻油、盐、鸡粉，单方向充分拌匀至肉泥上劲，加葱花拌匀；放入冰箱冷藏30分钟后取出加入芹菜碎，拌匀即成。

30分钟 |  120g×14个

椒盐饼

材料

中筋面粉……600克 　　　猪油……360克

低筋面粉……340克 　　　清水……260毫升

糖粉……60克 　　　　　　蛋白液、芝麻……各适量

 1　 2　 3　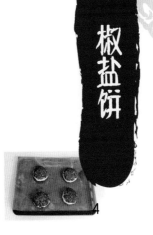 4

做法

1. 中筋面粉、糖粉、240克猪油倒入碗中，加清水，拌匀，揉成光滑的油皮面团；取低筋面粉、120克猪油倒入碗中，搅拌匀制成油酥面团。

2. 将油皮面团搓成粗条，分切成数个约30克的剂子，油酥面团分切成数个约16克的小面团，油皮压扁完全包入油酥。

3. 擀成椭圆饼皮，将卷口向上地擀成片，再次卷起，包上保鲜膜静置10分钟。

4. 取出饼皮用虎口环住饼皮，放入馅料后边捏边旋转，完全包裹住馅料，捏紧收口，将多余的饼皮向下压捏合，将其擀成饼状，在表面刷上蛋白液，均匀地撒上芝麻，芝麻面朝下地摆入烤盘。放入预热好的烤箱内，上火160℃、下火210℃，烤制15分钟，取出翻面，再入烤箱内续烤15分钟即可。

馅料

材料

芝麻粉……150克 　　　瓜子仁……120克 　　　猪油……110克

糖粉……95克 　　　　　椒盐粉……3克

做法

　　将所有材料倒入碗中，充分混合匀，分成等大的50克小剂子，逐一揉圆即成馅料。

黄金大饼

🕐 15分钟 | ⚖ 200g×3个

材料

低筋面粉……500克   葱花……15克

快速酵母……5克   盐……3克

白糖……50克   食用油……适量

白芝麻……40克   清水……适量

做法

1. 把面粉、酵母粉倒在案板上，混合均匀，用刮板开窝，加入白糖。

2. 分数次倒入少许清水，揉搓一会儿，至面团纯滑，放入保鲜袋中，包紧、裹严实，静置约10分钟。

3. 取适量面团，揉搓成长条，分成均等的3段，分别压扁，擀成面皮。

4. 在面皮上刷一层食用油，撒上少许盐，放入备好的葱花，卷起、搓匀，再擀均匀，制成中间厚、四周薄的圆饼生坯。在备好的蒸盘上刷一层食用油，放上圆饼生坯，抹上少许清水，撒上备好的白芝麻，抹匀，静置约1小时。

5. 将蒸盘放入烧开水的蒸锅中，大火蒸约10分钟至圆饼熟透，取出待用。

6. 热锅注油，烧至四成热，放入大饼，炸至两面呈金黄色，捞出，沥干油，切成小块摆好盘即成。

135

15分钟 |  120g×10个

材料

中筋面粉……180克 盐……2克

低筋面粉……230克 清水、蛋黄液……各适量

糖粉……20克 猪油……190克

 1  2  3 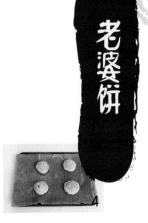 4

老婆饼

做法

1. 将中筋面粉、糖粉、盐、80克猪油倒入碗中，加入清水，拌匀，揉成光滑的油皮面团；取低筋面粉、110克猪油倒入碗中，搅拌匀制成油酥面团。

2. 将油皮面团搓成粗条，分切成数个58克的剂子，油酥面团分切成数个24克的小面团，将油皮压扁包入油酥，擀成椭圆面皮，将卷口向上地擀成片，再次卷起，包上保鲜膜静置10分钟。

3. 取出饼皮压成薄片，在中间放入馅料，稍按压后用虎口环住饼皮，边捏边旋转完全包裹住馅料，捏紧收口，将多余的饼皮向下压捏合，再搓成圆球状。

4. 压成扁平状，表面刷上蛋黄液，再割上花纹放入烤盘，放入预热好的烤箱内，上火调160℃、下火调210℃，烤制15分钟即可。

馅料

材料

糯米粉、细砂糖……各70克 猪油……58克 熟白芝麻……适量

做法

　　锅内倒入猪油、细砂糖、糯米粉，快速搅匀至呈黏稠的馅状，关火加入熟白芝麻，拌匀，盛出馅放凉，入冰箱冷藏1小时至不粘手即可。

 20分钟 | 100g×12个

材料

中筋面粉······300克	蜂蜜······10克
酵母粉······12克	熟芝麻······150克
盐······8克	芝麻酱······110克
花椒粉······10克	清水······适量
五香粉······3克	

做法

1. 酵母粉、面粉倒入碗中，加入水混合均匀，揉成面团，静置发酵成两倍大。
2. 芝麻酱里倒入盐、花椒粉、五香粉混合均匀备用。
3. 面团分割成4个小面团，取其中一个擀成薄饼。
4. 均匀地涂抹上芝麻酱，从一头卷起来，切成一块一块的。
5. 将两头封口，往下按扁，擀成小圆饼。
6. 蜂蜜和水调和均匀，刷在饼上，再均匀地撒上一层芝麻，放入烤盘，放入预热好的烤箱内，以180℃烤20分钟即成。

1

2

3

4

5

6

30分钟 |  120g×10个

苏式红豆酥饼

材料

中筋面粉……180克   猪油……190克

糖粉……20克   低筋面粉……230克

盐……2克   红豆沙馅……350克

清水……80毫升   白芝麻……少许

1

2

3

做法

1. 将中筋面粉、糖粉、盐、80毫升清水、80克猪油倒入碗中，拌匀，揉成光滑的油皮面团。

2. 低筋面粉、110克猪油倒入碗中，拌匀制成油酥面团。

3. 将油皮面团搓成粗条，分切成数个30克的剂子，油酥面团分切成数个16克的小面团。

4. 油皮压扁完全包入油酥，擀成椭圆面皮，将卷口向上地擀成片，再次卷起，包上保鲜膜静置10分钟。

5. 将饼皮压成薄片，在中间放入红豆沙馅，边捏边旋转，使饼皮完全包裹住内馅，用虎口捏紧收口，将多余的饼皮向下压捏合，再压成扁平状，表皮撒上白芝麻。

6. 芝麻面朝上放入烤盘，再放入预热好的烤箱内，上火160℃、下火210℃烤15分钟，取出翻面，再放入烤箱内续烤15分钟即可。

4

5

6

乳山喜饼

⏱ 30分钟 | ⚖ 80g×8个

材料

中筋面粉……350克	植物油……40毫升
鸡蛋……2个	白糖……60克
酵母粉……4克	温水……适量

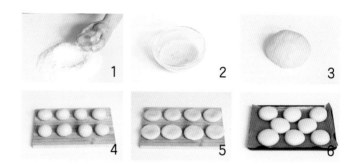

做法

1. 鸡蛋、植物油、白糖加入面粉中。

2. 酵母粉加入温水，化开，再倒入面粉内，充分拌匀制成面团。

3. 放入温暖处发酵至两倍大。

4. 把面团分成8个大小一样的剂子。

5. 分别排气揉至光滑，再揉圆，用擀面杖擀成小圆饼。

6. 放入烤盘，放在温暖处发酵，发酵至饼饱满，刷一点油，放入已预热150℃的烤箱中，烤15分钟左右，将喜饼翻面，再续烤15分钟即可。

海苔酥饼

🕐 20分钟 | ⚖ 40g×20个

材料

低筋面粉……200克   泡打粉……4克

白砂糖……50克   小苏打……4克

橄榄油……110毫升   海苔碎……适量

全蛋液……30克

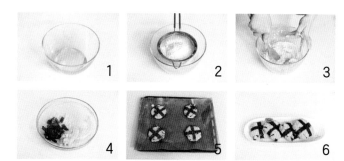

做法

1. 将橄榄油、全蛋液、白砂糖混合，搅拌均匀。

2. 将低筋面粉、泡打粉、小苏打倒入碗中，混合均匀，筛入液体内。

3. 用刮刀翻拌均匀，使其完全混合。

4. 倒入海苔碎，再用刮刀翻拌均匀。

5. 取一小块面团，揉成球按扁，再包上海苔装饰，放入烤盘，送入预热180℃的烤箱中层，烤20分钟左右至表面金黄。

6. 取出烤盘，稍微放凉后装入碟中即可。

15分钟  120g×6个

东北大油饼

材料

面粉……200克	五香粉……10克
酵母粉……20克	食用油……适量
葱碎……40克	清水……适量

做法

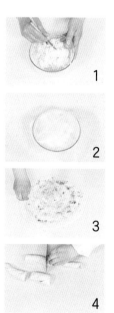

1. 取190克面粉倒入碗中，剩余的面粉待用，碗中加入酵母粉，分次注入约50毫升清水，拌均匀。

2. 揉成软和的面团，封上保鲜袋，发酵2小时。

3. 案台上撒少许面粉，倒入发酵好的面团，往面团上撒入少许面粉，不停揉搓，成为纯滑的面团，再擀成薄面皮，淋入少许食用油，撒上五香粉，放入葱碎，撒上少许面粉。

4. 卷起面皮成长条面团，将长条面团切成段，将每段面团卷起，再稍稍压平。

5. 用擀面杖擀成数个圆饼生坯。

6. 用油起锅，放入圆饼生坯，稍煎30秒至底部微黄，翻面，续煎1分钟至两面焦黄，中途需来回翻面2～3次，将剩余圆饼生坯依次煎成油饼即可。

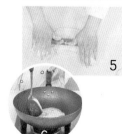

 20分钟 | 40g×20个

桃酥

材料

低筋面粉……200克	核桃碎……60克
白砂糖……50克	泡打粉……4克
橄榄油……110毫升	小苏打……4 克
全蛋液……30克	熟黑芝麻……适量

做法

1. 将生核桃碎放置在铺了油纸的烤盘上，放入预热180℃的烤箱中层，烤制8～10分钟。

2. 与此同时，将橄榄油、全蛋液25克、白砂糖混合，搅拌均匀。

3. 将低筋面粉、泡打粉、小苏打混合均匀，筛入蛋液混合物内，用橡皮刮刀翻拌均匀，将烤过的核桃碎倒入面团中，翻拌均匀。

4. 取一小块面团，揉成球并按扁，依次做好所有的桃酥生坯。

5. 刷上剩下的蛋液，撒上熟黑芝麻。

6. 放入预热180℃的烤箱中层，烤20分钟左右至表面金黄即可。

1

2

3

4

5

6

15分钟 |  80g × 10个

荷花酥

材料

面粉……350克　　　绿茶粉、食用油……各适量

猪油……105克　　　豆沙馅……200克

清水……100毫升

做法

1. 取150克面粉，加入75克猪油，拌匀制成油酥；100克面粉、15克猪油倒入碗中，加入50毫升清水，制成油面；100克面粉、15克猪油、绿茶粉倒入碗中，加入50毫升清水，制成绿面。

1

2. 将油面和绿面分别搓成条，分切成30克大小的小份，油酥分成和面团同样的数量。取一个绿色面团按扁，将油酥包在里面，收口团成圆形。将包好油酥的绿面团按扁，擀成椭圆形，将椭圆面片从上而下卷起，松弛10分钟。

2

3. 按上面的做法将所有白面团和绿面团均包入油酥，卷成卷饧20分钟。将油皮压扁包入油酥，擀成椭圆面皮，由下而上卷起，盖上保鲜膜静置松弛10分钟，再将油酥团均擀成面皮。

3

4. 所有的面团均擀成面皮后，取一张白面皮填入馅料，将馅料包住，将白面放入绿面内，慢慢收口成圆形。

4

5. 用刀依次在面团表面切出花瓣。

6. 热锅注油烧热，放入荷花酥生坯，用小火将其炸至花瓣展开即可。

5

6

🕐 18分钟 | ⚖ 140g×20个

材料

中筋面粉……180克   清水……适量

低筋面粉……230克   猪油……190克

糖粉……20克   蛋液……适量

盐……2克

做法

1. 将中筋面粉、糖粉、盐、80克猪油倒入碗中，加入清水，拌匀，揉成光滑的油皮面团，搓成粗条，用保鲜膜包住静置片刻。

2. 取低筋面粉、110克猪油倒入碗中，搅拌匀制成油酥面团，分切成数个24克的油酥小面团。油皮面团分切成数个58克的油皮小剂子。

3. 将油皮压扁包入油酥，擀成椭圆面皮，由下而上卷起，盖上保鲜膜静置10分钟，卷口向上擀成片，再次卷起，包上保鲜膜静置10分钟。

4. 取出静置好的油酥面搓成粗条，揪成大小一样的剂子，将剂子搓成长条。

5. 依次将长条剂子从两端向中间卷起呈如意状。

6. 将生坯放入烤盘中，刷上一层蛋液，放入预热好的烤箱内，上火调160℃，下火调210℃，烤制15分钟即可食用。

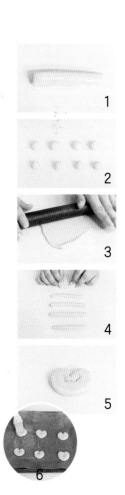

枣花酥

🕐 15分钟 | ⚖ 100g×10个

材料

中筋面粉、猪油……各180克　　糖粉……20克　　　　枣泥馅……300克

低筋面粉……230克　　　　　　盐、黑芝麻……各2克　蛋黄、清水……各适量

做法

1. 中筋面粉、糖粉、盐、80克猪油倒入碗中，加入清水，拌匀，揉成油皮面团，搓成粗条，用保鲜膜包住静置片刻；取低筋面粉、100克猪油倒入碗中，拌匀成油酥面团，分切成24克的油酥小面团。油皮面团分切成58克的油皮小剂子。

2. 油皮压扁包入油酥，擀成椭圆面皮，由下而上卷起，盖上保鲜膜静置松弛10分钟，卷口向上地擀成片，再次卷起，包上保鲜膜静置10分钟。将饼皮压成薄片，中间放入枣泥馅，用虎口环住饼皮，边捏边旋转，使饼皮完全包裹住枣泥馅，将多余的饼皮向下压捏合。

3. 面团收口朝下放在案板上，擀开成圆饼，用剪刀在圆饼上剪出12片"花瓣"。将每一片"花瓣"扭转，成为"绽放"的模样，用指尖蘸少许蛋黄涂在枣花酥的中心，再撒上黑芝麻。放入预热好200℃的烤箱，烤15分钟左右即可。